Fahrdynamische Grundlagen

Warum Dein Auto (nicht) driftet

Bernhard Hummel, BEd

2. Auflage

Impressum:

2. Auflage – Jänner 2017

Lektorat: Renate Hummel

Herstellung und Druck: Siehe Eindruck auf der letzten Seite.

www.bernhardhummel.at

ISBN: 9781520349824

Imprint: Independently published

Haftungsausschluss:

Dieses Buch soll einen Beitrag zur Verkehrssicherheit darstellen. Keinesfalls soll es dazu verleiten, auf öffentlichen Straßen zu driften. Ich hafte weder für die Richtigkeit des Inhalts, noch für etwaige Konsequenzen!

Inhalt

Einleitung

Immer wieder kann ich mich nur wundern. Kaum kommt der erste Schnee, füllt sich der Kahlenbergparkplatz in Wien mit jungen Autofahrern[1], die verzweifelt versuchen, ihren Polo durch Gas geben ins Driften zu bekommen. Aber auch auf meinen Reisen quer durch Europa und die Welt treffe ich immer wieder auf Autofahrer jeden Alters, die sich einfach nur wundern, warum die eine oder andere Kurvenfahrt nicht so wie geplant verlaufen ist und rätselnd aus ihrem Fahrzeug steigen. Dabei wäre vieles einfach vermeidbar, wenn man sich auch nur ein wenig mit dem Thema Fahrdynamik auseinandersetzen würde.

In diesem Buch werden wir uns mit den fahrdynamischen Grundlagen beschäftigen. Ich hoffe, so auch einen Beitrag zur Verkehrssicherheit leisten zu können sowie dem Autofahrer eine Erklärung dafür zu geben, warum sein Fahrzeug unter- oder übersteuert, wie er es vermeiden kann und wie es (theoretisch) kontrollierbar wäre. Auch der Notbremsung, bei der schon ein paar Zentimeter mehr oder weniger über Leben und Tod entscheiden können, werden wir die nötige Aufmerksamkeit widmen, ebenso den neuesten Sicherheits- und Assistenzsystemen, die derzeit am Markt sind.

Wie gewohnt, werde ich auch versuchen, persönlich für den Leser erreichbar zu sein. Kontaktmöglichkeiten findet ihr unter

---

[1] Anm. d. Ver.: An dieser Stelle möchte ich vorwegnehmen, dass die Form des Maskulinums die Form des Femininums mit einschließt. Aus Gründen der Simplizität ziehe ich es jedoch vor, nur die maskuline Form zu erwähnen. Es ist damit keine Diskriminierung beabsichtigt.

www.bernhardhummel.at sowie auf meiner Facebookseite **bernhardhummel.at/facebook** .

Auf genannter Seite findet ihr sowohl die Möglichkeit mir zu schreiben, als auch, natürlich unabhängig vom Kauf des Buches, jeden Sonntag um 19h den BERNHARD SUNDAY TALK, wo ich mich über jeden Teilnehmer freue. Vielleicht kann ich den einen oder anderen von euch ja so „persönlich" kennen lernen. Ich werde versuchen, da zu sein! Auch im Zuge des „Facebook live Talks" werden wir aktuelle Themen aus dem Bereich Verkehrsrecht, Mobilität, Fahrdynamik etc., behandeln und man kann mir natürlich gerne Fragen stellen. Ich werde versuchen, diese - so ich eine Antwort weiß - gleich oder zumindest nach Recherche, so weit wie möglich im folgenden SUNDAY TALK zu beantworten.

Sollte euch das Buch und meine Präsenz auf Facebook gefallen, wäre ich für ein Like oder eine positive Rezension sehr dankbar. Ist etwas nicht zu eurer Zufriedenheit, oder fällt euch ein Fehler auf, bitte ich euch, dieses mir mitzuteilen. Ich werde mich umgehend um eine Verbesserung bemühen!

Wer aufhört, besser werden zu wollen, hört auf, gut zu sein!

Nun wünsche ich euch viel Freude und Erfolg bei unserer kleinen abenteuerlichen Reise durch die Fahrdynamik!

Euer Bernhard

Eine Kurve wie jede andere – Grundbegriffe

Um jetzt einer Mehrzahl der Leser einen Mehrwert durch dieses Kapitel bieten zu können, muss ich ein wenig ausholen. Ich versuche jetzt einen Crashkurs in Sachen Fahrdynamik für euch zu gestalten, der euer künftiges Leben positiv verändern soll, sozusagen eurem Leben einen Sinn geben. Ihr werdet ab heute möglicher Weise plötzlich sinnvolle Sendungen im Fernsehen schauen, die euch fahrdynamisch bilden. Also statt „Universum“ zum Beispiel „Grip“, oder „Formel 1“. Ok, das war jetzt ein wenig scherzhaft gemeint, aber ich möchte schon, dass ihr mit diesem Kapitel ein Basiswissen erreichen könnt. Ihr werdet nach diesem Kapitel tatsächlich manche Erklärungen der F1-Moderatoren verstehen und es wird um einiges spannender beim Zusehen. Fahrdynamisches Wissen lässt sich vom Kinderfahrrad bis zum F1 Wagen anwenden und verstehen. Klarer Weise wird nun die Vorbildung, die der Leser mitbringt, unterschiedlich sein. Ich möchte aber versuchen, jedem einen gewissen Mehrwert bieten zu können! Um den Umfang nicht zu sprengen, kann ich aber hier wirklich nur eine Basis schaffen.

Beginnen wir mal mit einer Zeichnung! (Bitte dabei, wie immer, nicht meine Zeichenkünste zu bewerten!)

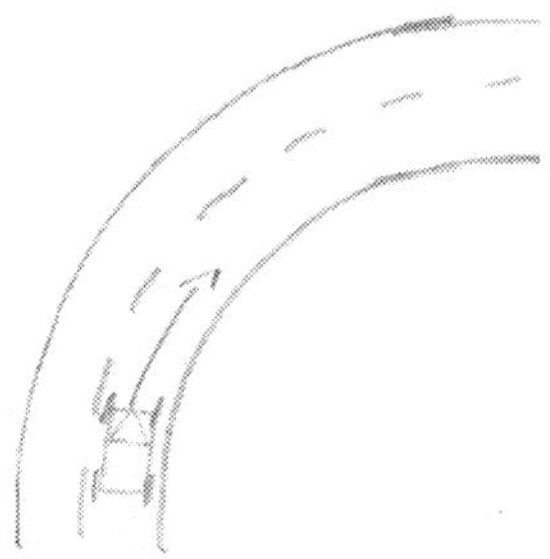

OK, was könnte das hier darstellen?

Richtig, eine Kurve und ein Auto, das durch diese fahren möchte. Was könnte nun aber passieren, wenn es nicht so nach Plan läuft? Wenn zum Beispiel plötzlich eine

Eisfläche oder ein Ölfleck auftritt, man vielleicht einfach doch zu schnell war für die Situation?

Ja, im Grunde genommen zwei Dinge. Entweder das Auto beginnt zu schieben, oder es schleudert. Auf dem Bild rechts sieht man das „Schieben"! Das Auto schiebt über die Vorderräder geradeaus weiter, obwohl diese eingelenkt sind. In der Fachliteratur nennt man dieses auch „Untersteuern". Eigentlich ist mir

dieser Begriff lieber, da er semantisch genau beschreibt, worum es geht. Das Fahrzeug untersteuert. Es steuert also weniger als man eigentlich wollte! Die meisten Moderatoren verwenden übrigens auch eher den Begriff „Untersteuern". „Schieben" und „Untersteuern" sind also synonyme Begriffe und ab sofort wissen wir genau deren Bedeutung.

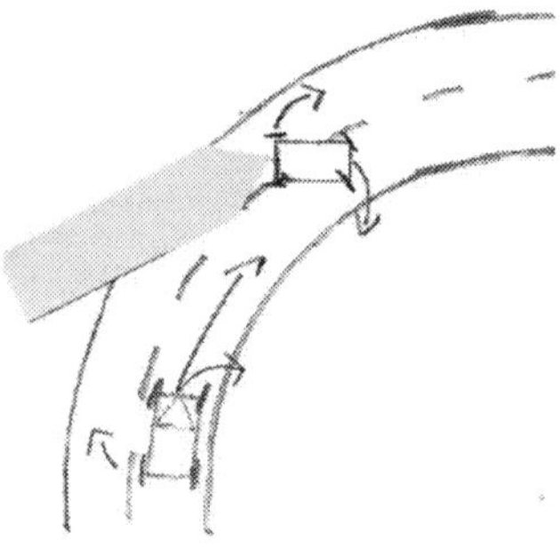

Bricht das Heck des Fahrzeuges aus, nennt man dieses „Schleudern". Auch hier sollte man jedenfalls den synoymen Begriff „Übersteuern" kennen. Das Fahrzeug steuert also mehr, als man eigentlich wollte.

Soweit, so gut. Wir wissen nun also vielleicht schon mal mehr als noch vor ein paar Minuten! Nun möchten wir uns aber ansehen, warum es eigentlich zu dem Einen oder Anderen kommt und warum Bau- und Antriebsart, Reibungskraft, Radlast etc. bei all dem eine Rolle spielen.

Dazu bedienen wir uns des guten, alten „Kammschen Kreises", den, wie der Name schon sagt, ein gewisser Wunibald Kamm (geb. 1893, gest. 1966) erfand. Er wollte damit sehr einfach darstellen, welche Kräfte bei einem Rad fahrdynamisch auf die Fahrbahn wirken.

DER KAMMSCHE KREIS WIRD DEIN LEBEN VERÄNDERN

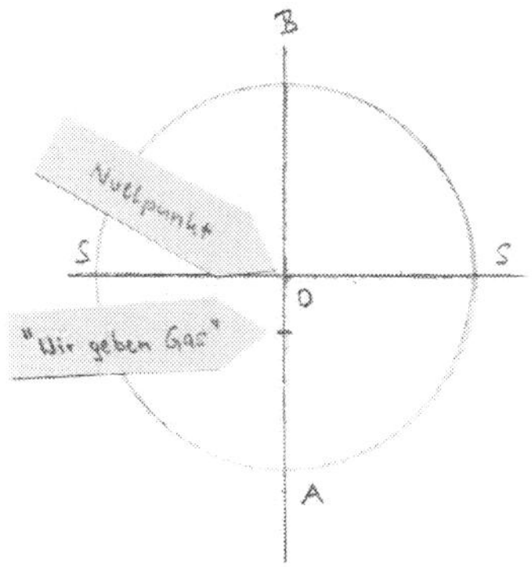

Ich stelle euch wieder eine Frage, um euch zum Nachdenken anzuregen. Sonst lest ihr da zum Schluss über die Seiten ohne wirklich mitzudenken! ;)

Wofür könnten hier das „B", das „S" und das „A" stehen?

Schon Ideen?

Na gut, lösen wir es auf. Es sind die Kräfte, die das Rad fahrdynamisch übertragen muss! Das „B" steht für Bremskräfte, das „A" für Antriebskräfte und das „S".. naja, warum gibt es das gleich zweimal?

„S“ steht für Seitenführungskraft. Und da man nach links oder rechts lenken kann, gibt es diese halt zweimal in dieser vereinfachten Darstellung. So, nun nähern wir uns dieser Darstellung und deren Bedeutung mal näher an. Schließlich wird euch dieser Kreis auch bei jedem fortgesetzten Fahrsicherheitstraining, Rennfahrerausbildung, etc. immer wieder begegnen!

Befinden wir uns mit den Kräften nahe dem Nullpunkt, in der Mitte des Kreuzes, fahren wir wohl mit ziemlich gleichmäßigem Tempo auf relativ ebener Fläche geradeaus, oder parken.

Und nun geben wir mal Gas! Wir spüren, dass es uns ein wenig in den Sitz drückt, das Rad muss Antriebskräfte übertragen.

Gibt man mehr Gas, spürt man mehr Kräfte und es werden mehr Kräfte durch das Antriebsrad auf die Fahrbahn übertragen, gibt man noch mehr Gas, natürlich noch mehr, und so weiter. Irgendwann wird man über den Kreis hinauskommen, wenn man so richtig Vollgas gibt.

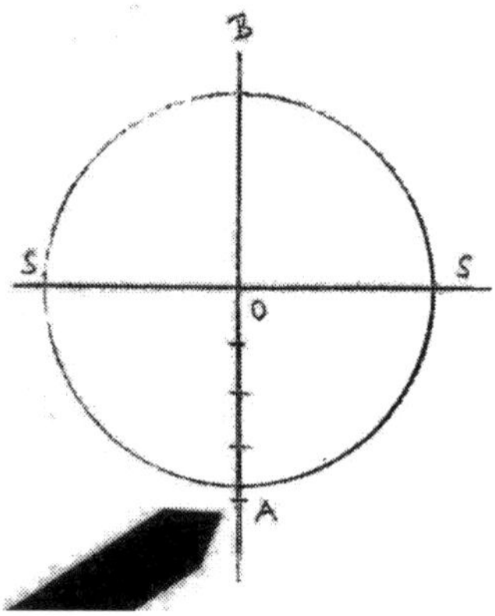

Meine Frage an dieser Stelle: Was passiert dann mit dem Rad, was könnte nun dargestellt sein? Wir sprechen jetzt für all diese Erklärungen mal von einem Auto ohne ABS, ASR, Assistenzsystemen, etc.!

Richtig, das Rad dreht durch. Bis zum Kreis stellen wir also eine Haftreibung dar, ab dem Kreis eine Gleitreibung!

Seid ihr noch dabei? Kann man sich ja auch bildlich vorstellen, irgendwann, wenn man voll ins Gas steigt, drehen die Räder durch!

Was wird jetzt aber passieren, wenn es regnet und zum Beispiel die Fahrbahn nass ist. Erinnert euch dabei an das Thema Anhalteweg in eurer Fahrschulausbildung! Der Bremsweg verdoppelte sich bei nasser Fahrbahn! So reduziert sich bei nasser Fahrbahn also der Reibwert etwa um die Hälfte. Der Kreis der die Haftgrenze darstellt, wird nun kleiner. Man könnte das so darstellen, wie auf dem Bild mit dem etwas kleineren zweiten Kreis, der nun etwa halb so groß ist, wie der äußere Kreis, der die Haftgrenze bei trockener Fahrbahn darstellt!

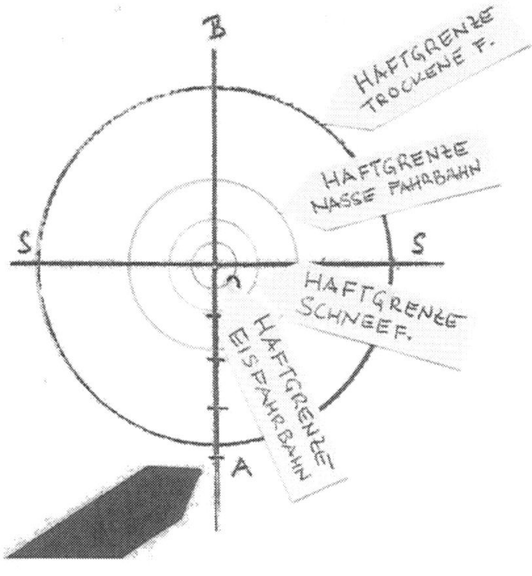

Wo man auf trockener Fahrbahn noch Grip hatte, dreht nun das Rad schon durch. Außerhalb des jeweiligen Kreises ist man nun mal jeweils in einer Gleitreibung!

Bei Schnee, Laub, etc. beträgt die Haftgrenze etwa ein Viertel des Ausgangswertes. Der Kammsche Kreis wird also nochmals um etwa die Hälfte kleiner und beträgt nun etwa ein Viertel des Ausgangswertes auf trockener Fahrbahn! Bei Eis, öliger Fahrbahn, etc. wird sich die Haftgrenze auf etwa ein Achtel des Ausgangswertes reduzieren. Dieses wird auf der Grafik durch den ganz kleinen innersten Kreis dargestellt. Naja, kann man sich ja leicht vorstellen. Auf Glatteis braucht man nur ganz wenig Gas geben, und schon dreht das Rad durch – schon bewegt man sich mit den Kräften außerhalb des Kreises.

Nun machen wir schnell das Gleiche - nur mit den Bremsen. Wir bremsen mehr und mehr und mehr und irgendwann sind wir aus dem Kreis – vielleicht beginnen wir wieder mit dem äußersten Kreis – der Haftgrenze auf trockener Fahrbahn. Was passiert nun mit dem Rad, wenn wir so fest bremsen, dass wir, wie mit dem äüßeren Pfeil dargestellt, aus dem Kreis, sprich über die Haftgrenze hinaus kommen?

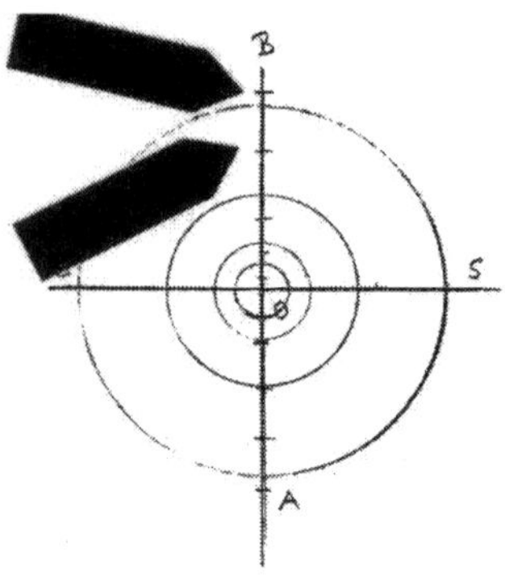

Wer noch mitdenken kann, wird jetzt antworten: Das Rad blockiert! Kann man sich gerne auch mit einem Fahrrad vorstellen, bei dem man die Bremse immer fester zieht!

Je rutschiger nun wieder die Fahrbahn wird, um so weniger braucht es, um in eine Gleitreibung zu kommen. Bei nasser Fahrbahn verkleinert sich also der Kreis, der die Haftgrenze darstellt, nachwievor um die Hälfte. Bei Eis braucht man also nur ganz leicht bremsen und schon blockiert das Rad, um das Ganze jetzt abzukürzen. Die Haftgrenze liegt ja nun bei etwa einem Achtel des Ausgangswertes. Ich hoffe, ihr könnt dieses nachvollziehen, wenn nicht, stehe ich euch auch gerne mit Erklärungen in meinen Videos auf meinem YouTube Kanal oder den Kontaktmöglichkeiten auf der Homepage, zur Verfügung.

Gehen wir über zum Kurvenfahren:

Wir fahren in die Kurve und spüren, es wirken Fliehkräfte, es drückt uns nach außen. Der Reifen muss Seitenführungskräfte übertragen! Fahren wir schneller in die Kurve, oder einen engeren Radius oder meinetwegen beides, werden wir mehr Seitenführungskräfte spüren. Fahren wir noch schneller in die Kurve, noch mehr, usw.. . Irgendwann werden wir auch da wieder aus dem Kreis draußen sein und in einer Gleitreibung.

Was passiert jetzt mit dem Auto?

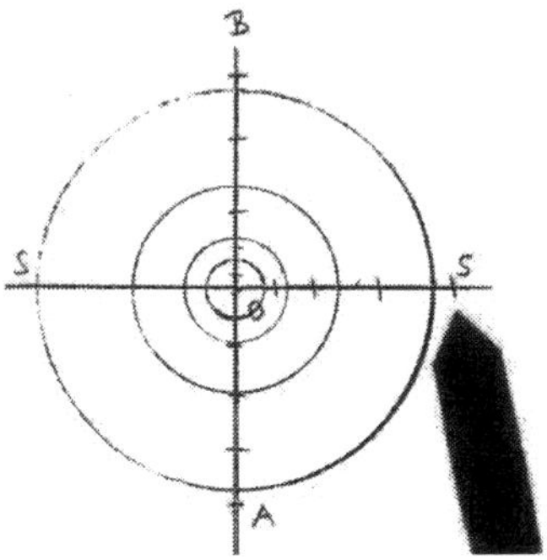

Ich liebe diese Frage: Sie ist ein Highlight!

Auch in der Fahrlehrerausbildung, wo mir immer wieder gerne meine Studenten erklären, dass sie den Kammschen Kreis nicht mehr machen wollen, da sie den eh schon kennen, merke ich genau an der Stelle, dass sie ihn eigentlich nicht verstanden haben und daher keinen Nutzen daraus ziehen können. Genau dieser Punkt geht nämlich aus den meisten Erklärungen im Internet nicht hervor!

Was passiert jetzt also? Das Auto schiebt? Oder schleudert?

Ihr habt keine Ahnung, stimmt es? Ich will es euch hiermit erklären und dem ganzen Kapitel „Fahrdynamik" einen Sinn geben!

Ich habe das so verstanden, dass Herr Kamm damit die Kräfte, die das Rad auf die Fahrbahn überträgt, darstellen wollte! Also egal, ob bei einem Motorrad, oder Fahrrad, oder Auto, oder was auch immer! Wieviele Räder hat ein Auto? Wieviele Kammsche Kreise bräuchten wir also für die Darstellung? Richtig, VIER! Ihr müsstet also die Gegenfrage stellen, welches Rad ist nun aus dem Kammschen Kreis gelaufen? Die Größe des Kreises wechselt ja auch ständig auf Grund der unterschiedlichen Fahrbahnbedingungen!

Ist es also ein vorderes Rad, wird das Auto untersteuern, ist es ein hinteres, schleudert es! Das Antriebskonzept spielt momentan eigentlich noch keine Rolle, da wir ja weder beschleunigen noch verzögern!

Ich hoffe, ihr kommt noch mit. Ich versuche, es gerade wirklich so verständlich wie nur irgendwie möglich und dennoch nicht zu lange zu machen. Aber es soll einfach Sinn ergeben für euch!

Bis jetzt haben wir ja noch nicht wirklich einen Kreis gebraucht. Was wollte er also mit dem Kreis noch darstellen?

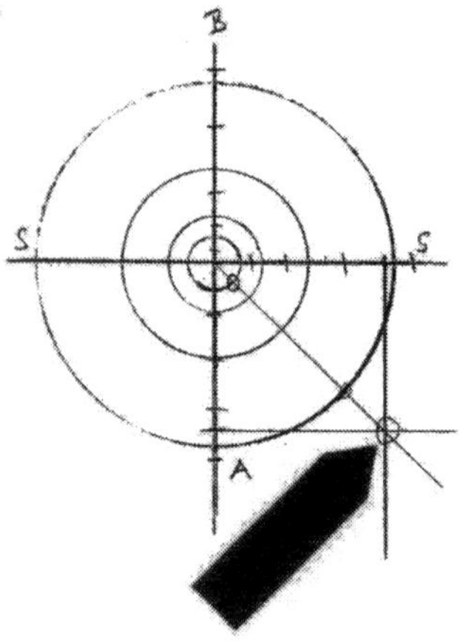

Dass sich Kräfte kombinieren und der Reifen nur eine bestimmte Menge Kräfte übertragen kann! Entweder Antriebs-, oder Seitenführungskräfte, oder eine Kombination, usw. . Je mehr ich also Gas gebe, um so weniger bleibt mir für die Seitenführung! Beim Bremsen das Gleiche! Was heißt das also? Hätten wir nur gelenkt, wäre es sich noch ausgegangen. In Kombination mit dem Gasgeben sind wir aber in einer Gleitreibung und je nach Antriebskonzept unter-, oder übersteuert es jetzt. Ist es ein Vorderradantrieb, kombinieren sich nur am Vorderrad die Kräfte und das Fahrzeug wird untersteuern, beim Heckantrieb wird es übersteuern.

Beim Bremsen spielt das Antriebskonzept grundsätzlich keine Rolle, da über die Betriebsbremse alle 4 Räder gebremst werden.

Anders wäre das natürlich beim Bremsen eines einspurigen Fahrzeuges - wie etwa eines Motorrades, oder Fahrrades - wo man die Bremsen vorne und hinten getrennt steuert.

Seid ihr schon mal mit einem Fahrrad gefahren? Vielleicht im Kindergarten, kann auch ein Roller, oder ähnliches sein. Habt ihr damals, als Kind oder auch später, einmal versucht, in der Kurve beim Radfahren stark zu bremsen? Was ist dann passiert?

Die meisten denken wohl jetzt an irgendeine kleine Narbe, die sie davon getragen haben. Natürlich konntet ihr als Kinder nichts dafür. Schuld war die Kindergartenpädagogin – sie hat euch wohl den Kammschen Kreis nicht erklärt! ;)

Was tun, wenn das Fahrzeug unter- oder übersteuert?

Grundsätzlich geht es natürlich, insbesondere im öffentlichen Straßenverkehr a priori darum, so zu fahren, dass das Fahrzeug gar nicht erst in einen instabilen Fahrzustand gerät. Sicherheit hat immer oberste Priorität. Wie durchfährt man also grundsätzlich eine Kurve zur Vermeidung instabiler Fahrzustände, wie Unter- oder Übersteuern? Das letzte Kapitel sollte dich eigentlich schon die Antwort darauf schlussfolgern lassen!

Man sollte die Kurve mit gleichmäßigem Tempo durchfahren! Also wird euch jetzt vielleicht auch klarer sein, warum euer Fahrlehrer immer wieder gepredigt hat, dass ihr vor der Kurve abbremsen und auf den dem Kurventempo angepassten Gang zurückschalten sollt. Mit diesem dann mit gleichmäßigem Tempo die Kurve durchfahren und erst nach der Kurve wieder beschleunigen.

Bei Schnee, Eis, etc. ist das ganze natürlich noch heikler!

So, nun aber zurück zur eigentlichen Frage dieses Kapitels: Was macht man, wenn trotz aller Berücksichtigungen das Fahrzeug doch unter- oder übersteuert?

Untersteuern:

Als erstes einmal ist wichtig, weder Gas zu geben, noch zu bremsen! Ihr kennt ja nun den Kammschen Kreis und wisst, dass es nur noch schlimmer würde. Ist es eh schon knapp bei den Seitenführungskräften, soll man diese nicht auch noch für was anderes verwenden! Lenkeinschlag beibehalten! Meist rumpelt es zwar ziemlich, weil man über die Vorderäder „rutscht", aber wenn man nicht viel zu schnell war, greift nach kurzem Rumpeln der Reifen doch noch und man kommt wieder um die Kurve. Ist man natürlich viel zu schnell und besteht gar keine Chance mehr, ist es wohl besser, man macht eine Vollbremsung oder sucht einen Fluchtweg!

Immer wieder werde ich gefragt, was man nun mit der Kupplung machen soll. Drücken, nicht drücken? Nun ja, in ein paar Jahren wird sich diese Frage sowieso nicht mehr stellen, da es, wie ich auch bei der letzten Daimler AG Hauptversammlung in Berlin erfahren habe, zeitnah nur noch Neuwagen mit Automatikgetriebe geben wird. Ich hoffe, ihr kommt bei einem modernen Automatik-Fahrzeug mit Assistenzsystemen nicht auf die Idee, euch in der Kurve darauf zu konzentrieren, das Getriebe auf „N“ zu schalten. Das wäre wirklich unnötig, beziehungsweise kontraproduktiv. Bei manuellen Fahrzeugen, naja, da ist das so eine Sache. Ich unterrichte bei meinen Fahrsicherheitstrainings ganz bewusst nur, dass man „unten“ weder Gas, noch Bremse drücken soll, wenn man noch auf Seitenführung hofft. Besser auf das Lenkrad konzentrieren!

Die Motorbremswirkung ist meist ohnedies relativ gering, außerdem müsste man, wenn schon, auch unterscheiden, ob es sich um einen Vorderrad- oder Heckantrieb handelt. Beim heckgetriebenen Fahrzeug kann beim Untersteuern eine leichte Verzögerung auf der Hinterachse, die ja eben noch Grip hat, durchaus wünschenswert und hilfreich sein. Durch die dynamische Achslastverteilung kommt mehr Druck auf die Vorderräder und das Fahrzeug verzögert gleichzeitig leicht, ohne den Vorderrädern Seitenführungskräfte zu nehmen.

Beim Frontantrieb, naja, wenn man Zeit und Lust hat, kann man ja die Kupplung drücken. Ist man wirklich gerade mit hoher Drehzahl und somit hoher Motorbremswirkung unterwegs, mag es vielleicht tatsächlich den entscheidenden Grip für die Seitenführung freigeben. Allerdings ist dieses beim Bergabfahren auf einer steilen Bergstraße auch wieder nicht so empfehlenswert. Ich denke also, es ist wirklich wichtiger, sich in erster Linie auf die Lenkung zu konzentrieren. Ist man wirklich entsprechend gebildet und hat Zeit in der Sekunde, die Situation, wie gerade beschrieben, einzuschätzen, kann man sich natürlich auch noch um die Kupplung kümmern.

Übersteuern:

Beim Übersteuern hat der Lenker schon wesentlich mehr zu tun, um die Situation möglicherweise noch zu retten.

Nun, nachdem wir den Kammschen Kreis verstanden haben, wissen wir, dass es die hintere Achse betrifft, die nun in einer Gleitreibung ist. Vorne haben wir noch Grip. Somit können wir aber noch aktiv mit der Lenkung die Richtung vorgeben. Natürlich geben wir weder Gas, noch bremsen wir! Alles für die Seitenführungskräfte sparen!

Bei der Lenkung müssen wir nun gegenlenken. Wir schauen immer dorthin, wo wir hin wollen und lenken auch in diese Richtung. Kommt das Heck wieder zurück, müssen wir genauso schnell auch wieder zurücklenken! Sonst kommt es zu einem, unter Umständen sogar noch heftigerem, Gegenpendler!

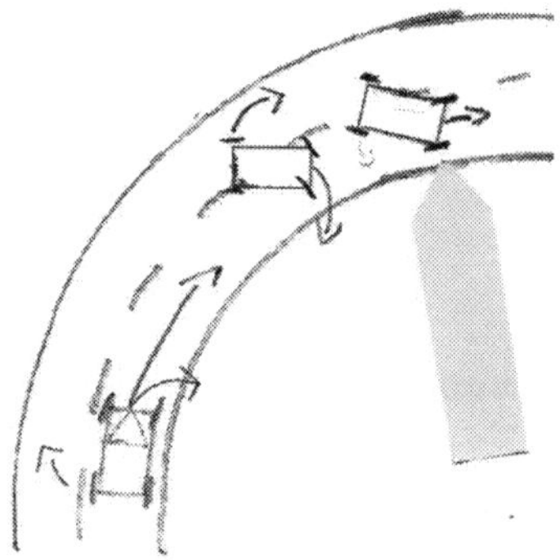

Allgemein werden Autos, nicht nur auf Grund des Vorderradantriebs, tendenziell eher untersteuern. Es ist auch von der Automobilindustrie so gewollt. Der Lenker muss aktiv nicht so viel tun, um das Fahrzeug unter Kontrolle zu bekommen und wird so bald nicht mehr zu schnell in die Kurve fahren… Sportwagen und Premiumfahrzeuge neigen tendenziell, nicht nur auf Grund des Heckantriebs, eher zum Übersteuern. Der Lenker verlangt ein sportliches Fahrzeug, das sehr neutral ausgelegt ist, bzw. eher übersteuert und bezahlt dafür.

Was kann ich tun, damit mein Fahrzeug übersteuert (driftet)?

Da fallen sie mir schon wieder ein, so manche Szenen auf verschneiten Parkplätzen, wo jugendliche Lenker, wie eingangs erwähnt, verzweifelt versuchen, den Polo ihrer Mutter durch Gasgeben ins Driften zu bringen. Am Beifahrersitz eine blasse junge Dame, deren Augen immer größer werden, während der Polo über die Vorderräder schiebend der Straßenlaterne näher kommt. Verzeiht mir bitte, falls ich jetzt jemandem zu nahe getreten bin. Dieses Bild hat sich einfach in meinem Kopf eingebrannt. Wir waren ja alle mal jung – nein falsche Einstellung – wir sind es ohnedies noch! Wir wissen nun aber schon besser, warum ein Polo mit Vorderradantrieb nun mal nicht durch Gasgeben, wie es in oben genanntem Beispiel fälschlich versucht wurde, ausbrechen wird. Wir kennen das Geheimnis des Kammschen Kreises ja schon.

An dieser Stelle möchte ich nochmals ganz klar sagen, dass ich mit meinem Buch keinesfalls eine Anleitung zum Driften im Straßenverkehr geben möchte! Noch werde ich irgendeine Verantwortung für Folgen übernehmen. Es geht mir hier um eine rein wissenschaftliche Betrachtungsweise! Driften hat im öffentlichen Straßenverkehr absolut nichts zu suchen und ist, finde ich auch, eine nicht tolerierbare Risikosteigerung. Möchte man dieses wirklich probieren, nur auf abgesperrten und geeigneten Flächen ohne öffentlichen Verkehr! Bei meinen Fahrsicherheitstrainings bietet sich zum Beispiel diese Möglichkeit!

Nun aber zur Frage in der Überschrift: „Was kann ich tun, damit mein Fahrzeug übersteuert (driftet)?“ Eigentlich könnt ihr euch diese mittlerweile selbst beantworten! Das nötige Wissen dafür solltet ihr in den letzten Kapiteln bereits erworben haben.

Es geht also darum, gezielt das Heck (hintere Räder) in eine Gleitreibung zu versetzen. Dieses wird man durch kombinieren der Kräfte – nur auf der Hinterachse – erreichen. Hierfür bieten sich also zwei Möglichkeiten. Entweder Antriebs- und Seitenführungskräfte kombinieren, oder Brems- und Seitenführungskräfte. Bei einem frontgetriebenen Fahrzeug wird Variante eins, wie wohl jedem mittlerweile klar ist, ausfallen. Also bleibt uns nur die Möglichkeit, mittels Handbremse auf den Hinterrädern Brems- und Seitenführungskräfte zu kombinieren und diese so in Gleitreibung zu versetzen. Folge ist logischer Weise der Ausbruch des Hecks. Würde man das Ganze gewollt und kontrolliert schaffen, könnte man es „driften“ nennen.
Bei einem heckgetriebenen Fahrzeug bietet sich auch die Möglichkeit, mit einem Gasstoß Antriebs- und Seitenführungskräfte zu kombinieren.
Je kleiner die Haftgrenze, umso schneller wird man in eine Gleitreibung kommen. Man erinnere sich an den Kammschen Kreis!

Tipp: Sämtliche Fahrstabilitätsregelsysteme, wie ESP und dgl. nach Möglichkeit deaktivieren! Sie sollen ja das Unter-, oder Übersteuern verhindern. Möchte man das Fahrzeug zum Ausbrechen bringen, wären diese Systeme wohl eher kontraproduktiv. Je nach Marke werden sie oft ein wenig anders bezeichnet. Bei BMW wird es zum Beispiel „Dynamische Stabilitäts Control – DSC“ genannt. Mehr dazu im Kapitel „moderne Assistenz- und Sicherheitssysteme“.

Wusstet ihr übrigens, dass auf griffigem Untergrund eine sauber gefahrene Kurve immer höhere Kurvengeschwindigkeiten erzielt, als eine gedriftete? Sonst würde man bei der Formel 1 als Lenker nicht alles versuchen, um einen Drift zu vermeiden. Schon mal Kart gefahren? Auch hier wird man an der Rundenzeit schnell merken, dass driften nicht zu einer schnelleren Rundenzeit führt!

Als Fahrsicherheitstrainer muss ich daher immer wieder ein wenig schmunzeln, wenn ich „The Fast and the Furious: Tokio Drift“ sehe. Die, die im Parkhaus driften, sind im Film viel schneller… es ist eben ein Film!

Die Notbremsung

Nehmen wir an, wir haben plötzlich ein Hindernis vor uns und müssen alles tun, um einen Aufprall zu vermeiden. Also das Fahrzeug so schnell wie möglich zum Stillstand bringen! Wie macht man das richtig? Nun gut, eine Sekunde werden wir, wie wir gelernt haben, zum Reagieren brauchen. So bald wir es schaffen, müssen wir aber von Anfang an, so fest wie möglich, bis zum Stillstand das Pedal drücken, man sagt mit ca. 75 kg. Diesen Druck kann man nur bei einer richtigen Sitzeinstellung aufbauen, wenn man sich gegen die Lehne des Sitzes drückt und das Knie noch immer leicht abgewinkelt ist. Daher ist auch die richtige Sitzeinstellung so wichtig!

Bei einem Auto ohne ABS (Anti-Blockier-System) blockieren grundsätzlich alle vier Räder bei einer Vollbremsung. Das Fahrzeug ist in einer Gleitreibung. Somit ist aber auch keine Seitenführung mehr gewährleistet. Kommt das Fahrzeug aus der Spur, oder muss man ausweichen, muss man erst die Bremse lösen! Das ist mental in der Situation oft sehr schwierig. Man rast auf ein Hindernis zu und muss, um ausweichen zu können, die Bremse lösen! Außerdem wird der Bremsweg natürlich dadurch massiv länger. Daher baut man heute nur noch Autos mit ABS und ich kann auch nur jedem empfehlen, ein Auto mit ABS zu kaufen. Seit 2004 wurden in Europa praktisch nur noch Autos mit ABS gebaut. Daher sind Autos ohne ABS auch schon sehr selten.

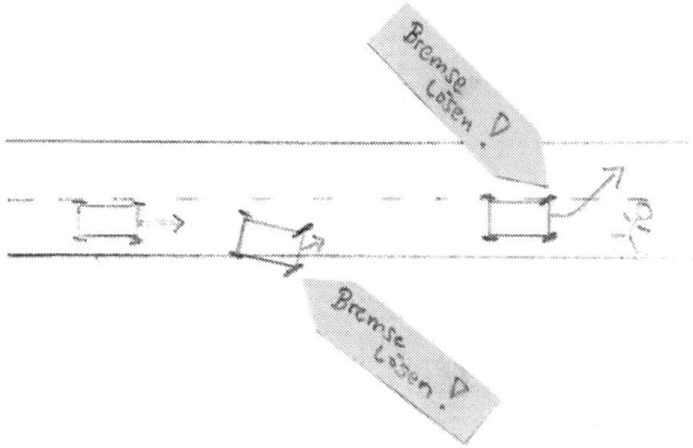

Bei einem Auto mit ABS braucht man also nur voll auf die Bremse steigen. Das Auto geht, wenn man es an Hand des Kammschen Kreises erklären will, knapp an die Haftgrenze. Somit bleibt das Fahrzeug in der Spur und lenkbar. Das ABS ist nämlich nicht blöd! Lenkt man, wird die Bremskraft so weit reduziert, dass das Fahrzeug genug Seitenführungskraft für das Lenkmanöver aufbauen kann!

Bei straßenzugelassenen Autos kann man, auf Grund des großen Sicherheitsfaktors, ABS nicht ausschalten. Formel 1 Autos werden nicht mit ABS ausgerüstet, man will ja, dass es spannend bleibt, wage ich mal zu sagen. Daher führt auch die Herrenabfahrt beim Schifahren über die Streif in Kitzbühel und nicht über die blaue Piste. Das ist eben Rennsport, die Fahrer willigen in die Gefahr ein.

Ein Vibrieren am Bremspedal bei Fahrzeugen mit ABS ist normal! Nicht abschrecken lassen, mit vollem Druck auf dem Pedal bleiben. Bremsassistenten helfen dem Lenker, diesen Druck aufzubauen.

Moderne Fahrerassistenzsysteme

Wie wir im vorigen Kapitel gesehen haben, können Fahrerassistenzsysteme, wie zum Beispiel das ABS die Verkehrssicherheit positiv beeinflussen. Nicht nur beim Bremsen helfen uns zahlreiche Assistenzsysteme in modernen Fahrzeugen. Um ihre Eingriffe und Funktionsweisen - wie teilweise auch Auswirkung auf fahrdynamische Vorgänge - verstehen zu können, sollten wir uns in diesem Kapitel einmal

„Up to date“ halten und einen Überblick über heute gängige Fahrerassistenzsysteme verschaffen. Nicht alle wirken sich freilich unmittelbar auf die Fahrdynamik aus. Fahrerassistenzsysteme sollen nicht nur die Verkehrssicherheit erhöhen, sie stellen auch einen gewissen Komfort für den Fahrer dar und steigern durchaus die Ökonomie. Auch der Faktor Umweltfreundlichkeit kann durch Assistenzsysteme optimiert werden!

Ich bediene mich hier der im Fahrschulunterricht üblichen Begriffe und Abkürzungen. Man beachte aber, dass je nach Fahrzeughersteller die Bezeichnungen sehr oft markenspezifisch variieren. Die Funktionsweise bleibt aber ähnlich! Fahrerassistenzsysteme werden abgekürzt auch „FAS“, oder englisch „Advanced Driver Assistence Systems“, abgekürzt „ADAS“ genannt.

Antiblockiersystem (auch ABS)

Das Antiblockiersystem durften wir im Kapitel Notbremsung notwendigerweise kennenlernen. Es verhindert das Blockieren der Räder. Je nach notwendiger Seitenführungskraft und Bodenhaftung verändert es, gemessen an jedem einzelnen Rad, den Bremsdruck.

Antriebsschlupfregelung (auch ASR)

Eigentlich, einfach erklärt, ist das ASR – die Antriebsschlupfregelung - das Gegenteil vom ABS. Es wirkt auf der anderen Seite des Kammschen Kreises. Würde das Antriebsrad durchdrehen, reduziert das ASR automatisch das Gas und bremst das durchzudrehen drohende Rad ab.

Das ASR erkennt, wenn mehr Seitenführungskräfte, etwa wenn man in der Kurve Gas gibt, nötig sind und reduziert dementsprechend das Gas auf den Antriebsrädern. Es verhindert somit bei einem Frontantrieb das Untersteuern, bzw. bei einem Heckantrieb das Übersteuern.

Durch das Abbremsen des durchzudrehen drohenden Rades wirkt es auch als Anfahrhilfe auf rutschigem Untergrund, da ja sonst auf Grund des Differentials immer das durchdrehende Rad angetrieben würde und das mit Grip stehen bleiben würde. Es wirkt also am Ende ähnlich einer Differentialsperre.

Hinweis:

Jedes Fahrzeug benötigt ein Differential! Sonst könnten wir keine Kurven fahren. Durch den unterschiedlichen Radius muss das kurvenäußere Rad eine weitere Strecke zurücklegen als das kurveninnere und somit schneller drehen. Der Motor kann aber logischerweise gleichzeitig nur eine Geschwindigkeit drehen. Durch das Differential werden die Antriebsräder voneinander getrennt und eine unterschiedliche Drehzahl ist möglich. Allerdings bewirkt dieses wie oben beschrieben auch, dass selbst, wenn nur ein Antriebsrad auf rutschigem Untergrund steht, das Fahrzeug nicht anfahren kann. Das Rad am rutschigen Untergrund dreht durch, das auf der griffigen Fläche steht zum Ärgernis des Fahrers still. Genau hier können die in diesem Kapitel beschriebenen Assistenzsysteme ASR und EDS Abhilfe schaffen.

Elektronische Differentialsperre (auch EDS)

Ist ein Fahrzeug tatsächlich auch mit einer elektronischen Differentialsperre ausgestattet, wird im Bedarfsfall das Differential automatisch gesperrt und wieder gelöst.

Elektronisches Stabilitätsprogramm (auch ESP)

Das ESP – die elektronische Stabilitätskontrolle ist sozusagen, einfach gesagt, die Fortsetzung dieser Systeme. Es wirkt auch dann, wenn man nicht Gas gibt oder bremst. Untersteuert das Fahrzeug zum Beispiel, was von der Automobilindustrie grundsätzlich auch eher gewollt ist, bremst es gezielt das kurveninnere hintere Rad autonom ab und zieht so das Fahrzeug wieder nach innen.

Motor-Schleppmoment-Regelung[2] (auch MSR)

Die Motor-Schleppmoment-Regelung (MSR) ist ein Fahrerassistenzsystem, das in der Regel Bestandteil des Elektronischen Stabilitätsprogramms (ESP) und der Antriebsschlupfregelung (ASR) ist.

Die MSR verhindert ein Rutschen der Antriebsräder insbesondere auf glatter Fahrbahn, wenn der Fahrer abrupt vom Gas geht oder die Kupplung beim Herunterschalten zu schnell kommen lässt. Entsprechend dem Kammschen Kreis wird hier unter Umständen das maximale Kraftübertragungsvermögen der Reifen zwischen Fahrzeug und Straße aufgrund der Bremswirkung des Motors überschritten. Das Steuergerät des Motors regelt dann im Bedarfsfall die Motordrehzahl entsprechend kurzfristig hoch, um das Fahrzeug stabil und lenkbar zu halten.

---

[2] https://de.wikipedia.org/wiki/Motor-Schleppmoment-Regelung (abgerufen am 8.1.2017)

Bremsassistent

Das Auto erkennt, dass der Lenker eine Notbremsung machen will, und geht automatisch auf die maximale Bremsleistung. Man versucht dabei, dem Fahrfehler entgegenzuwirken, dass viele Lenker einfach nicht stark genug das Bremspedal drücken, um die maximale Wirkung zu erzielen. Der Assistent verstärkt den fehlenden Druck. Man sagt, dass man bei einer Notbremsung mit ca. 75 kg Pedaldruck bremsen soll!

Zusätzlich beginnen die Bremslichter des Fahrzeuges während der Notbremsung zu blinken, bei Fahrzeugstillstand schaltet die Warnblinkanlage ein. So sollen hinten nachkommende Verkehrsteilnehmer bestmöglich vor der Situation gewarnt werden: „Notbremssignalisierung".

Notbremsassistent, autonomer Notbremsassistent

Der Notbremsassistent erkennt und verstärkt die Bremsung oder bremst, je nach Ausführung, das Fahrzeug bei drohender Kollision automatisch zum Stillstand, falls der Lenker nicht reagiert und trotz Warnung vor der drohenden Kollision nicht bremst. In der Regel wird der Lenker sowohl akustisch, als auch mittels eines orange aufblinkenden Fahrzeugsymbols im Cockpit, bzw. Head Display gewarnt. Sobald dann das Fahrzeug autonom die Bremsung einleitet, wird das Fahrzeugsymbol rot. Der Lenker kann grundsätzlich durch einen Eingriff, beispielsweise lenken oder Gas geben, den autonomen Fahrzeugeingriff abbrechen. Somit bleibt der Fahrer, wie derzeit bei den meisten Systemen üblich, nicht entmündigt. Er bleibt verantwortlich und kann das System „übersteuern".

Kameras, Radar, etc. überwachen permanent das Fahrzeugumfeld nach möglichen Kollisionsgefahren.

Auch hier beginnen natürlich im Falle einer Notbremsung die Bremslichter zu blinken und schaltet bei Stillstand die Warnblinkanlage ein.

Nothaltesystem

Das System hält bei gesundheitlichen Problemen des Fahrers das Fahrzeug autonom an.

Tempomat, Geschwindigkeitsregelanlage

Durch Aktivierung hält das Fahrzeug die vom Fahrer definierte Geschwindigkeit.

Adaptive Geschwindigkeitsregelanlage

Ähnlich wie beim Tempomat definiert der Fahrer eine gewünschte, bzw. maximal erlaubte Fahrgeschwindigkeit. Bei der adaptiven Geschwindigkeitsregelanlage verzögert jedoch das Fahrzeug autonom, wenn es notwendig ist. Zum Beispiel, wenn sich ein Fahrzeug vor einem zu knapp einordnet oder vor einem bremst. Dieser Assistent verhilft vor allem zu einem entspannten Fahren, gerade auf längeren Strecken!

Stauassistent

Das Fahrzeug fährt im Stau grundsätzlich autonom. Es folgt dem vorausfahrenden Fahrzeug und hält bei Stillstand der Kolonne automatisch. Soll es wieder losfahren, muss der Fahrer einmal mit einem Antippen auf das Gaspedal sein Einverständnis geben. Ich weise darauf hin, dass all die hier beschriebenen Assistenzsysteme sich je nach Hersteller und Ausführung in ihrer Handhabung und Umfang sehr stark unterscheiden können. Die Aufzählung und Beschreibung in diesem Kapitel soll uns also einfach einen groben Überblick geben.

Autobahnpilot

Die Idee des Autobahnpiloten ist, auf Autobahnen autonom zu fahren. Abstandsregelung, Spurhaltung und Spurwechsel erfolgen automatisch. Der Fahrer muss dann weder Lenkrad noch Gaspedal oder Bremse betätigen.

Ampelassistent

Beim Ampelassistenten kommuniziert das Fahrzeug mit den Rechnern der Ampelanlagen. So kann errechnet werden, wie lange die Ampel noch rot ist und man sieht im Auto einen Countdown. Umgekehrt kann das System auch anzeigen, mit welcher Geschwindigkeit man die Ampel (legaler Weise) bei Grün erreichen wird. Das Verkehrsgeschehen kann so positiv beeinflusst werden. Stauungen werden verringert und die Umwelt geschont. Auch die Städte sind ihrerseits natürlich an den Bewegungsdaten der Verkehrsteilnehmer im Gegenzug interessiert.

Derzeit ist das System zum Beispiel in Berlin im Test.

Berganfahrhilfe (oft auch HHC - Hill Hold Control)

Sie verhindert das Zurückrollen des Fahrzeuges beim Anfahren in der Steigung. Speziell bei Fahrzeugen mit manuellem Getriebe eine sehr angenehme Assistenz!

Bergabfahrhilfe (oft auch HDC – Hill Descent Control)

Fahrzeug hält bergab die vom Fahrer definierte Geschwindigkeit; sehr häufig auch gekoppelt mit Energierückgewinnung. (=Rekuperation)

Je nach Ausführung, kann es aber natürlich nicht ersetzen, den richtigen Gang beim Bergabfahren, mit ausreichender Motorbremswirkung, zu wählen – insbesondere beim manuellen Getriebe!

Hinweis: Achtung vor Überhitzung der Bremsen. Keinesfalls die ganze Zeit beim Bergabfahren mit der Betriebsbremse bremsen, Motorbremswirkung nützen durch richtige Gangwahl!

Launch Control (oft auch LC oder Beschleunigungsassistent)

Bremse und Gaspedal werden fest gedrückt. Lässt man die Bremse aus, beschleunigt das Fahrzeug mit dem Assistenzsystem mit der (nahezu) maximal möglichen Beschleunigung. Da wir den Kammschen Kreis nun schon kennen – das System versucht, genau an der Haftgrenze zu arbeiten; es wird sowohl vermieden, in eine Gleitreibung zu kommen, aber auch, unnötig weit unter der Haftgrenze zu bleiben.

Der Einsatz solcher Systeme macht grundsätzlich nur bei sportlichem Fahren, etwa beim Start auf einer Rennstrecke, Sinn.

Lichtautomatik

Ein Sensor schaltet, je nach Helligkeit, automatisch zwischen Tagfahr- und Abblendlicht während des Fahrbetriebs um. Der Assistent erkennt zum Beispiel, wenn der Fahrer in einen Tunnel fährt und aktiviert das Abblendlicht. Beim Verlassen des Tunnels wechselt er dieses bei ausreichender Helligkeit wieder zurück zum Tagfahrlicht.

Achtung, gerade bei Sichtbehinderung durch Nebel reagieren diese Systeme manchmal falsch oder zu spät. Die letzte Verantwortung trägt natürlich wieder der Lenker, der die Systeme überwachen muss.

Hinweis: Leider muss ich immer wieder Menschen beobachten, die mit Tagfahrlicht bei schlechten Sichtverhältnissen, wie Dunkelheit, fahren. Dieses ist brandgefährlich, da das Fahrzeug dabei in der Regel hinten unbeleuchtet ist. Natürlich ist es auch rechtlich verboten und es drohen berechtigt hohe Strafen.

Kurvenlicht (oft auch adaptives Kurvenlicht, oder ähnlich)

Man kennt das Problem. Gerade bei engen, kurvenreichen Straßen, nervt es, dass das Licht statt in die Kurve gerade leuchtet. Dieses soll das Kurvenlicht vermeiden, da es mit dem Einlenken den Leuchtkegel mit in die Kurve lenkt.

Fernlichtassistent (oft auch adaptiver Fernlichtassistent)

Aktiviert man den Assistenten, leuchtet das (LED-)Fernlicht wirklich beeindruckend und blendet jeweils nur den Bereich, in dem sich ein etwaiger Gegenverkehr etc. befindet, ab.

Aufmerksamkeitsassistent

Je nach Ausführung gibt das Fahrzeug eine Warnung aus, wenn die Aufmerksamkeit des Fahrers sinkt.

eCall (emergency call)

Mittels SOS-Taste im Fahrzeug wird ein Notruf zur europaweit einheitlichen „Euronotrufnummer" 112 ausgelöst. Kommuniziert wird über im Fahrzeug verbaute Mikrofone und Lautsprecher.

Bei einem entsprechenden Unfall oder einer Notsituation löst das Fahrzeug automatisch den Notruf aus.

In diesem Zusammenhang wird, wie bei einigen heutigen Systemen, oft auch die Frage des Datenschutzes diskutiert. Aber das ist wieder ein anderes Thema...

Spurhalteassistent

Je nach Ausführung erfolgt eine Warnung (akustisch, Vibration des Lenkrads, ...) beim Verlassen des Fahrstreifens. Es gibt auch nach und nach Systeme, die autonom die Spur halten. Ein Beispiel wäre hier wohl Tesla mit seinem Modell S.

Spurwechselassistent (Totwinkel-Überwachung)

Der Lenker wird beim Fahrstreifenwechsel gewarnt (optisch, akustisch,...), wenn sich ein Fahrzeug im toten Winkel befindet. Es gibt auch schon Systeme, die aktiv in die Lenkung eingreifen!

Verkehrszeichenerkennung

Die Kameras des Fahrzeuges erfassen die Verkehrszeichen und blenden diese, je nach Modell im Cockpit, bzw. Head Up Display ein. Meine Erfahrung hat gezeigt, dass diese Systeme durchaus gut funktionieren, aber auch manchmal ein Verkehrszeichen aus einer Seitengasse fälschlich eingelesen wird, oder Zusatztafeln unter Geschwindigkeitsbegrenzungen nicht richtig erkannt werden.

Nicht zu verwechseln mit Navigationssystemen, die Geschwindigkeitsbeschränkungen für bestimmte Abschnitte eingespeichert haben!

Reifendruckkontrollsystem (auch RDK, RDC, ...)

Das System überwacht im Betrieb ständig den korrekten Reifendruck. Falscher Reifendruck stellt ein hohes Risiko dar – gerade fahrdynamisch! Unter anderem wird die Haftgrenze bei falschem Reifendruck deutlich geringer. Nun wissen wir ja schon, was das bedeutet.

Seit November 2014 ist bei allen verkauften Neuwagen in der EU ein solches System vorgeschrieben.

Es gibt dabei das sogenannte direkte oder indirekte System. Direkte Systeme messen grundsätzlich über einen Sensor im Ventil (der leider bei einem Reifenwechsel wohl auch getauscht werden muss, was zusätzliche Kosten bedeutet), indirekte über die ABS-Sensorik.

Anhänger-Stabilitätsprogramme (oft auch Trailer Stability Assist)

Sollen das Pendeln des Anhängers erkennen und dem Fahrer dabei helfen, das Gespann durch gezielte, autonome Bremseingriffe wieder zu stabilisieren.

Einparkhilfen (auch Parksensoren, PDC)

Sie arbeiten grundsätzlich mit Ultraschall und stellen den Abstand zum anderen Fahrzeug beim Einparken visuell und/oder akustisch dar.

Auch Rückfahrkameras oder Rundumkameras werden immer häufiger als Einparkhilfe für den Lenker verbaut.

Einparkassistent (auch aktive Einparkhilfe, etc)

Je nach Ausführung wird das Fahrzeug teilautonom (der Assistent übernimmt das Lenken, der Fahrer muss aber selbst Gas geben und bremsen) oder autonom eingeparkt. Bei autonomen Systemen kann der Fahrer, je nach Entwicklung, bzw. Ausführung des Systems, auch aussteigen und das Fahrzeug parkt „vollkommen alleine“ ein oder aus.

Anhänger Assistent (auch Trailer Assist)

Er hilft dem Lenker beim Einparken mit dem Anhänger. Der Fahrer kann das Gespann über einen Joystick (z.B.: den der Spiegeleinstellung) beim Rückwärtsfahren steuern. Das Fahrzeug übernimmt die Führung des Lenkrads und gibt dem Anhänger den nötigen Impuls. Über den Bildschirm sieht man den Winkel, den man gerade ansteuert.

AQUAPLANING, WAS IST DAS UND WAS HABE ICH DAMIT ZU TUN?

Bei nasser, beziehungsweise überfluteter Fahrbahn schafft es der Reifen unter Umständen nicht, das gesamte Wasser zu verdrängen. Es bildet sich ein Wasserkeil zwischen Reifen und Fahrbahn und der Reifen schwimmt in weiterer Folge auf. Dieses nennt man „Aquaplaning". Dazu sollte man es natürlich nach Möglichkeit nie kommen lassen. In der Regel betrifft dies die Vorderräder, da diese zuerst das Wasser verdrängen müssen.

Erkennung:

Lautes Wassergeräusch, beim Vorderradantrieb geht die Drehzahl auf Grund der durchdrehenden Räder plötzlich hinauf, Lenkung wird extrem leichtgängig.

Verhalten:

Kommt man ins Auqaplaning, kann man mit diesen Rädern keine Kräfte mehr auf die Fahrbahn übertragen. Keinesfalls lenken oder Gas geben! Kommt man mit eingelenkten Rädern wieder auf die Fahrbahn auf, biegt das Auto sofort ab und ist praktisch fast nicht mehr zu stabilisieren. Daher unbedingt im Fall des Falles Räder gerade halten!

Faktoren, die die Aquaplaninggefahr erhöhen:

- Wassertiefe auf der Fahrbahn – Spurrillen, etc.
- breite Reifen mit zu wenig Profil
- wenig Fahrzeuggewicht
- Geschwindigkeiten über 60km/h
- Profiltiefe unter 4 mm
- ...

Richtige Sitzposition, Personenbeförderung, Kindersicherung

Richtige Sitzposition:

Entfernung zu den Pedalen richtig einstellen! Das Knie soll bei durchgedrückter Kupplung, oder Gas noch leicht abgewinkelt sein. Die Sitzhöhe, nach Möglichkeit, so einstellen, dass man die Fahrbahn und die Instrumente gut sehen kann. Weder zu tief, noch zu hoch macht einen Sinn! Sitzlehne so einstellen, dass man eine eher aufrechte Sitzposition erreicht und das Lenkrad auf der richtigen Lenkradhaltung - „dreivierteldrei" - mit leicht abgewinkelten Armen halten kann. Auch das Lenkrad kann dafür in der Regel eingestellt werden. Nicht vergessen, die Kopfstütze einzustellen! Sie soll kein Genickbrecher im Fall des Falles sein, sondern den Kopf stützen! Die Oberkante etwas über Augenbrauenhöhe justieren.

Personenbeförderung, Sicherheitsgurt:

Grundsätzlich dürfen in Kraftfahrzeugen immer nur so viele Personen transportiert werden, wie laut Zulassungsbescheinigung genehmigt. Ist der Sitzplatz eines Kraftfahrzeuges mit einem Sicherheitsgurt ausgerüstet, so sind Lenker und Beifahrer je für sich für den bestimmungsgemäßen Gebrauch verantwortlich und verpflichtet, sich während der Fahrt anzuschnallen.[3] Für Kinder unter 14 Jahren bist du als Lenker verantwortlich und musst für eine geeignete Kindersicherung sorgen. Sämtliche Knautschzonen können nur dann den vollen Sicherheitsgewinn bringen, wenn die Insassen den Sicherheitsgurt verwenden. Nicht angeschnallte Personen gefährden nicht nur sich selbst, sondern auch Lenker und Beifahrer! Auch Airbags können nur mit einem bestimmungsgemäß angelegten Sicherheitsgurt wirken. Selbst dicke Winterjacken und Ähnliches stellen hier schon eine Gefahr dar. Eine Daunenjacke mag zwar im Winter schön warm sein, aber der Gurt kann so nicht wirken. Bei einem Aufprall fliegst du zuerst wahrscheinlich mit dem Kopf gegen das Lenkrad, da der Gurt durch die weiche Daunenjacke nicht wirken kann. Der Airbag schmeißt dich dann wieder zurück und gibt dir den Rest.

Kindersicherung:

---

[3] vgl KFG § 106 Abs 2 + 3

Im österreichischen Gesetz kann man die relevanten Bestimmungen sehr schön sehen. Bis zum 14. Lebensjahr hat der Lenker für den bestimmungsgemäßen Gebrauch von Gurt und Kindersitz zu sorgen. Im § 106 Abs. 5 KFG (Österreich) finden wir die genauere Bestimmung. Im Fachhandel kann man, am besten mit dem Kind gemeinsam, einen entsprechenden Kindersitz kaufen und sich zuvor ausführlich beraten lassen.

Zu Recht drohen dem Lenker hohe Strafen, Punkte und Nachschulungen in vielen europäischen Ländern bei Nichtbeachtung!

Die Physik gewinnt immer!

Nehmen wir als Beispiel das ESP her, von dem manche glauben, dass es Wunder wirkt. Wir haben schon gelernt, dass dieses, etwa beim Untersteuern, durch einen gezielten Eingriff am kurveninneren Rad wirkt. Die Physik aber kann dieses und auch alle anderen Systeme freilich nicht aufheben.

Merkt euch eines – die Physik gewinnt immer! Wenn alle vier Räder am Eis rutschen, kann es im Cockpit blinken wie bei einem Christbaum, das Auto ist eine Rodel mit über einer Tonne! Dabei spielt auch das Markenzeichen am Lenkrad keine Rolle mehr!

Schlusswort

Ich danke euch, dass ich euch durch diese fahrdynamische Reise begleiten durfte! Ihr dürft jetzt ruhig stolz auf euch sein, ihr habt euch aktiv mit dem Thema Fahrdynamik beschäftigt und ich denke, ihr konntet einiges dabei mitnehmen. Ich möchte euch nochmals daran erinnern, dass dieses Buch durch das „Mehr" an Wissen einen Beitrag zur Verkehrssicherheit leisten soll. Möchte man aber Unter- oder Übersteuern einmal in der Praxis fühlen, würde ich dieses bei einem Fahrsicherheitstraining empfehlen.

Sollte diesbezüglich Interesse bestehen, werde ich entsprechende Fahrsicherheitstrainings regelmäßig anbieten. Es soll sich dabei um fortgesetzte Trainings handeln, die an den Lehrplan der Mehrphase anschließen. Diese Trainings werden sich natürlich an den Wünschen der Teilnehmer orientieren!

Weitere Informationen, auch zu meinem YouTube Kanal mit zahlreichen Erklärungen, findet ihr auf www.bernhardhummel.at - sowie auf meiner Facebookseite bernhardhummel.at/facebook - wo ihr mich jeweils auch leicht kontaktieren könnt, sei es über die Kontaktformulare, oder am Sonntag um 19h im Rahmen von Facebook live. Zusätzlich lade ich euch ein meinen YouTube-Channel unter **bernhardhummel.at/youtube** zu abonnieren. Dort werde ich regelmäßig aktuelle Videos für euch zum Thema hochladen!

Ich freue mich, vielleicht den einen oder anderen von euch „persönlich" kennenlernen zu dürfen.

Zum Schluss wünsche ich euch von ganzem Herzen alles Gute für eure Zukunft und allzeit gute Fahrt!

Euer Bernhard

Printed in Poland
by Amazon Fulfillment
Poland Sp. z o.o., Wrocław

70625131R00026